Silke Kobold

An der Küste

Riesengroße Fensterbilder einfarbig

frechverlag

ZUM THEMA „FENSTERBILDER“ SIND IM FRECHVERLAG ZAHLREICHE WEITERE TITEL ERSCHIENEN. HIER EINE AUSWAHL:

TOPP 1682

TOPP 1712

TOPP 1857

TOPP 1923

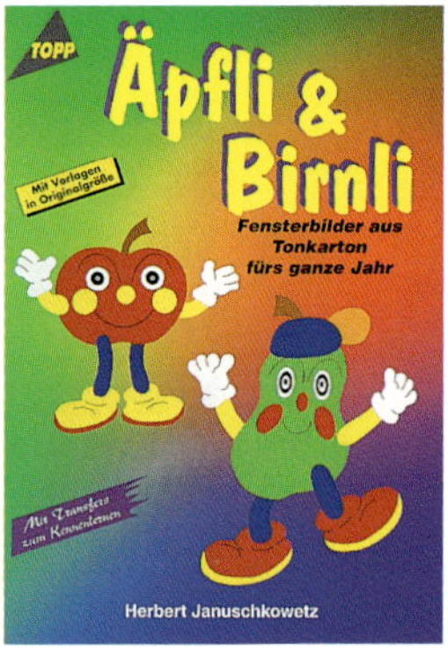

TOPP 1939

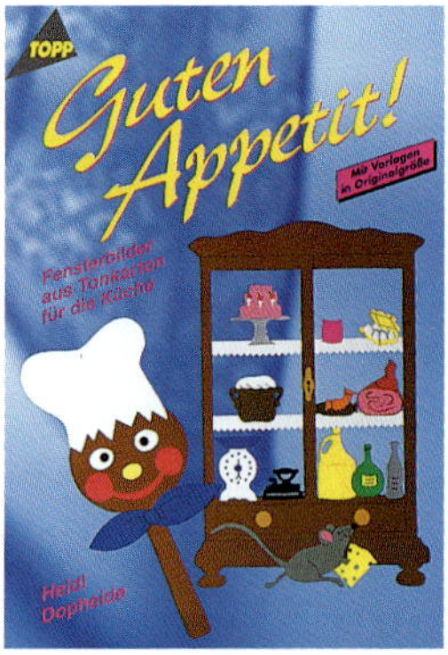

TOPP 1794

Fotos: frechverlag GmbH + Co. Druck KG, 70499 Stuttgart; Fotostudio Ullrich & Co., Renningen

Auflage: 5. 4. 3. 2. 1. | Letzte Zahlen
Jahr: 1999 98 97 96 95 | maßgebend

ISBN 3-7724-2008-7 · Best.-Nr. 2008
Druck: frechverlag GmbH + Co. Druck KG, 70499 Stuttgart

Dieses Buch richtet sich an all diejenigen, die den Norden unseres Landes bewohnen und sich dort richtig heimisch fühlen. Doch auch jene, die diese Gegend als Urlaubsziel schätzen und sich gerne einmal eine frische Brise um die Nase wehen lassen, finden auf den nächsten Seiten wunderschöne Fensterbilder mit Motiven aus der Küstenregion.

Neben typischen Strandmotiven wie Muscheln, Möwen, Seehunde und Strandkörbe werden auch städtische bzw. dörfliche Szenen gezeigt – ein Trachtenpaar, eine Verkäuferin vom Fischmarkt und ein richtiges Reetdachhaus.

Das Besondere dieser stimmungsvollen Fensterbilder besteht darin, daß sie aus einem Stück angefertigt werden, wobei die genaue Schneideabfolge das Nacharbeiten wesentlich erleichtert. Außerdem finden Sie interessante Informationen zu den einzelnen Motiven.

Ich wünsche Ihnen viel Freude bei der Auswahl der Motive und ein gutes Gelingen!

Silke Kobold

ALLGEMEINE ANLEITUNG

MATERIALIEN UND WERKZEUGE

- Bristolkarton
- Tonkarton
- Architektenpapier
- Nylon- oder Zwirnfaden
- Stoffspitze
- Weicher und harter Bleistift
- Schere
- Lineal
- Cutter (Schneidemesser)
- Schneideunterlage
- Klebstoff
- Schaschlikstäbchen
- Lochzange
- Klebeband
- evtl. heller Buntstift

KARTON

Der für die vorliegenden Motive verwendete Karton sollte eine Mindeststärke von 220 g/m^2 besitzen.

Für die in Weiß gehaltenen Bilder wurde ausschließlich Bristolkarton verwendet. Fragen Sie im Bastelgeschäft nach dieser Papiersorte. Sie ist in verschiedenen Stärken erhältlich und läßt sich, besonders bei feinen Schnitten, viel leichter als Fotokarton verarbeiten.

Insbesondere bei dem Friesenhaus (siehe Seite 22) sollten Sie darauf achten, daß Sie stabilen Karton benutzen (369 g/m^2), da bei diesem Motiv viele Teile herausgeschnitten werden. Ist er zu weich, wird sich das Motiv beim Aufhängen verbiegen.

DAS ÜBERTRAGEN DER VORLAGE

Ich möchte Ihnen für diesen Arbeitsvorgang zwei Möglichkeiten vorstellen:

Variante A:

Transparentes Architektenpapier wird auf den Vorlagenbogen gelegt, und die durchscheinenden Umrisse werden mit einem weichen Bleistift nachgezeichnet. Erleichtern Sie sich diesen Arbeitsschritt, indem Sie das Transparentpapier mit einem Klebestreifen befestigen, damit es nicht verrutscht.
Wenn Sie diesen Arbeitsgang erledigt haben, wird die abgepauste Vorlage mit der Vorderseite auf den Karton gelegt (wieder fixieren) und anschließend mit einem harten Bleistift nochmals nachgezeichnet. So überträgt sich das Motiv auf den Karton.

Wenn Sie Wert auf eine sehr exakte Wiedergabe der vorliegenden Motive legen, bietet sich folgende Vorgehensweise an:

Variante B:

Kopieren Sie dazu das gewünschte Bild auf einen Bogen Papier. Dieser wird dann auf der Rückseite flächendeckend mit Klebstoff bestrichen und auf einem Stück Karton befestigt. Nun schneiden Sie, wie angegeben, die Formen heraus. Sie haben dann eine Schablone, mit der Sie die Zeichnung mühelos und sauber auf den Karton übertragen können. Diese Variante bietet folgende Vorteile:

- Sie können diese Schablone problemlos wiederverwenden.
- Wenn Sie ein Motiv auf dunklem Karton arbeiten möchten (schwarz, braun ...), treten die Linien auf jeden Fall deutlicher hervor, als das beim Durchdrücken der Fall ist. Gegebenenfalls können Sie sogar einen hellen Buntstift benutzen.
- Nach meiner Erfahrung arbeitet man mit dieser Methode schneller und erreicht eine präzisere Wiedergabe des Motivs.

Achtung: Die meisten hier abgebildeten Motive benötigen ein DIN A3-Format. Motive, die ein noch großeres Format brauchen, müssen aus zwei Teilkopien zusammengesetzt werden.

DAS HERAUSSCHNEIDEN DER FELDER

Dieser Arbeitsgang wird wesentlich erleichtert, wenn Ihr Cutter eine scharfe Klinge besitzt. Die Linien werden wie folgt bearbeitet:

———	nur ganz schmal, etwa in Strichbreite herausschneiden
⬭	das umrandete Feld herausschneiden
-------	Linie nur einritzen

Die eingezeichnete Bleistiftlinie sollte immer vor der Klinge liegen, so können Sie deren Verlauf während des Schneidevorgangs besser verfolgen. Daher ist es notwendig, daß Sie Ihren Karton bei jedem neuen Schnitt drehen und er sich in der erforderlichen Lage befindet (siehe Foto). Das bedeutet zwar etwas mehr Aufwand, ergibt jedoch bessere Ergebnisse. So wird nun Feld für Feld herausgeschnitten.

Achtung: Es wird, wann immer möglich, die Linie des nächsten auszuschneidenden Feldes zuerst bearbeitet, welche dem zuletzt ausgeschnittenen am nächsten liegt (siehe Foto).

Beginnen sollten Sie in aller Regel mit den innenliegenden Schnitten und sich Schritt für Schritt zum Rand des Bildes vorarbeiten, damit die Stabilität des Kartons möglichst lange erhalten bleibt. Nähere Angaben dazu finden Sie jeweils bei den einzelnen Motiven.

Bei sehr eng nebeneinanderliegenden Linien ist es aber dennoch oft notwendig, daß Sie bereits freiliegende Streben mit dem Finger fest auf die Unterlage drücken (z. B. Muschelbild, Seite 21). Der Karton verbiegt sich sonst, oder Sie laufen Gefahr, Fehlschnitte zu setzen. Achten Sie dabei aber bitte auf Ihre Finger! Mit ein wenig Übung werden Sie diese Probleme beim Schneiden sicherlich rechtzeitig erkennen.
Für längere gerade Linien können Sie ein Lineal zu Hilfe nehmen.

DAS HINTERKLEBEN DES MOTIVS

Für alle hinterklebten Bilder in diesem Buch wurde Architektenpapier verwendet. Die Wirkung der Flächen tritt meines Erachtens dadurch besser hervor. Zudem ist es beständiger als Seiden- oder Transparentpapiere, die durch den Lichteinfall am Fenster schnell vergilben. Außerdem läßt es sich besser ausschneiden.

Auch hier möchte ich Ihnen zwei mögliche Vorgehensweisen darstellen.

Variante A:

Legen Sie das Architektenpapier auf die Rückseite des fertig ausgeschnittenen Bildes, und zeichnen Sie mit einem Bleistift die Umrisse des Feldes entlang der Stege nach. Anschließend schneiden Sie die Fläche mit einer Schere aus. Da die Stege, auf denen Sie das transparente Papier befestigen müssen, oft sehr schmal sind, empfiehlt es sich, den Klebstoff mit einem Schaschlikstäbchen aufzutragen.

Variante B:

Bei dieser Methode, die sich allerdings nur bei der Verwendung von Architektenpapier eignet, sollten Sie sich ebenfalls beim Auftragen des Klebstoffs für die Verwendung eines Holzstäbchens entscheiden.
Bestreichen Sie die Außenstege des zu beklebenden Feldes auf der Rückseite des Bildes. Nebeneinanderliegende Flächen können gleichzeitig bearbeitet werden.
Hernach legen Sie ein größeres Stück Architektenpapier darüber und drükken es fest an. Warten Sie einen kleinen Augenblick, bis der Klebstoff etwas angetrocknet ist. Nehmen Sie Ihren mit einer scharfen Klinge versehenen Cutter zur Hand.
Nun schneiden Sie, mit nur ganz leichtem Druck, damit der darunterliegende Karton nicht beschädigt wird, auf den Klebestegen entlang (siehe Foto).
Abschließend können Sie dann die überstehenden Reste des Architektenpapiers abziehen.

WINDMÜHLE

(Abbildung Seiten 1 und 9)

Entlang der norddeutschen Küste findet man noch immer einige dieser beeindruckenden Bauwerke aus der Zeit, in der die Windkraft Getreidemahlwerke antrieb. Heute haben ihnen Elektromotoren diese Arbeit abgenommen, und nur noch wenige Windmühlen sind voll funktionsfähig. Die meisten beherbergen Museen oder gemütliche Kaffeestuben. Die hier abgebildete Windmühlenart wird Galerie-Holländer genannt.

Schneidefolge:

- Innenfelder des kleinen Windrades auf dem Dach
- Innenflächen der Mühlenflügel (hierbei brauchen Sie nicht wie sonst den Karton ständig zu drehen, sondern können bei den kleinen Feldern alle Schnitte gleicher Richtung nacheinander setzen)
- Innenseite Fenster oben
- Restliche Innenflächen des oberen Windmühlenteils von oben nach unten
- Galerie
- Innenflächen Fenster und Tür unten
- Restliche Teile unten
- Große Außenflächen, zuerst Abgrenzungslinien der Mühle, dann Rahmen (Lineal)

TRACHTENPAAR

(Abbildung Seite 10)

Das Alte Land ist bekannt für seinen Obstanbau. Wer einmal mit dem Rad während der Apfelblüte durch die endlosen Reihen der Plantagen gefahren ist, wird die überschwengliche Pracht der weiß-rosa Blüten gern in Erinnerung behalten. In dieser Gegend Norddeutschlands wird altes Brauchtum zum Vergnügen von Einheimischen und Besuchern noch gepflegt. Und so hat sich auch das junge Paar mit der Altländer Tracht geschmückt. Wenn diese auch ein wenig streng wirken mag, beim Tanz geht es dann doch recht lustig zu.

Schneidefolge:

- Gesichtszüge Frau und Mann
- Mieder und Kette der Frau, in der Mitte beginnen und jeweils nach rechts und links hin arbeiten
- Hand
- Innenseite der Knöpfe am Ärmel
- Restliche Innenfläche der Kleidung der Frau von der Mitte ausgehend zum rechten Bildrand hin
- Innenfelder der Kleidung des Mannes von der Mitte ausgehend zum linken Bildrand hin
- Zylinder, Haube und Schuhe
- Restliche Flächen

STRAND

In so einem gemütlichen Strandkorb läßt sich ein Urlaubstag bequem verbringen. Die kleinsten Besucher aber wollen vom Ausruhen nichts wissen und vergnügen sich ausgiebig mit Wasserplanschen, Sandburgenbauen und Muschelsuchen.

Schneidefolge:

- Innenlinien Kinder
- Innenlinien Sandeimer, Schaufel, Förmchen und Muscheln
- Innenfelder Drachen
- Die Zahl 13 (innen)
- Umrisse der Personen am Wasser
- Restliche Felder von unten nach oben

MATROSE

Ein Akkordeon – in Norddeutschland Schifferklavier genannt – gehört dazu, wenn alte Seemannslieder gesungen werden.

Schneidefolge:

- ✂ Hände
- ✂ Tasten
- ✂ Bässe (mit Lochzange)
- ✂ Muster
- ✂ Blasebalg
- ✂ Innenlinien Gesicht
- ✂ Innenfelder Mütze und Kleidung
- ✂ Restliche Felder

KRABBENKUTTER

Es ist viel schwere Arbeit zu erledigen, bis die rosafarbenen Krabben auf unserem Tisch landen. Die Fischer, die mit den weit ausladenden Netzen der Krabbenkutter bei Wind und Wetter diesen köstlichen Schatz der Meere heben, gehen nicht gerade einer leichten Arbeit nach.
Vielleicht sollten Sie einmal, wenn sich die Gelegenheit bietet, mit einem Krabbenfischer aufs Meer hinausfahren und zuschauen, wie die Männer mit Hilfe einer ausgeklügelten Technik ihre Fangnetze nach den Krabbenschwärmen werfen.

Schneidefolge:

- ✄ Beginnen Sie am oberen Bildrand, und schneiden Sie von dort ausgehend nacheinander alle Felder in Richtung des Schiffes bis zur Oberkante der Netze (untere waagrechte Linie) aus
- ✄ Innenlinien Schiff
- ✄ Unterer Teil Netze
- ✄ Restliche Wasserfläche

MARKTFRAU

(Beschreibung Seite 16)

MARKTFRAU

(Abbildung Seite 15)

Nicht nur Fisch kann man auf den allseits so beliebten Fischmärkten einkaufen. Sie bieten außerdem eine ganz besondere Atmosphäre, und so manch guten Tip für die Zubereitung von Fisch kann man sich bei einer netten Marktfrau zusätzlich einholen. Das ist doch etwas anderes als ein Einkauf im Supermarkt und macht auch viel mehr Spaß.

Schneidefolge:

- Innenteile der Fische
- Hintergrund der Fische innerhalb der Kästen
- Gesicht der Marktfrau
- Kleidung
- Innenlinien Waage
- Innenfelder der Fässer
- Hintergrund
- Markise und Vorderseite des Stands

MÖWEN

(Abbildung Seite 17)

Es gibt auf der Erde 44 Möwenarten. Sie sind überall entlang der Küsten zu finden, wagen sich aber auch weit ins Inland an große Binnenseen.
Die Silbermöwe ist die am weitesten verbreitete Art und kommt auch an der norddeutschen Küste am häufigsten vor. Sie ist bekannt dafür, daß sie Fischkutter und Fährschiffe begleitet, um sich die Nahrungssuche zu erleichtern.

Die in diesem Motiv abgebildeten Tiere machen es sich noch einfacher und warten gleich am Hafen auf den für sie abfallenden Anteil.

Schneidefolge:

- Innenlinien der Möwen
- Auge, Schnabel und Flügelabgrenzung
- Restliche Flächen vom oberen Rand des Bildes ausgehend

SEEHUNDE

(Abbildung Seite 18)

Diese jungen Seehunde wurden von ihren Müttern auf einer Sandbank abgelegt. Dort warten die kleinen Heuler auf deren Rückkehr von der Nahrungssuche. Der Bestand dieser Tiere ist wegen der Belastung ihrer Umwelt durch den Menschen sehr gefährdet. Seehund-Aufzuchtstationen bemühen sich um die Erhaltung dieser imposanten Tiere und bieten interessante Informationen für Besucher.

Schneidefolge:

- Abgrenzungslinie der Schnauze
- Oberer Teil der Barthaare bis zur Abgrenzungslinie der Schnauze von oben nach unten (schwierig)
- Unterer Teil der Barthaare
- Abgrenzungslinie des Kopfes
- Nase, Augen
- Flecken
- Innenlinien der Seehunde im Hintergrund
- Restliche Flächen vom unteren Bildrand ausgehend

SEEHUNDE

(Beschreibung Seite 16)

AUSTERNFISCHER

So wird dieser Wattenvogel genannt. Er ist bei einem Spaziergang entlang der Salzwiesen mit seinem auffällig schwarz-weißen Federkleid und dem roten Schnabel recht häufig zu beobachten.

Schneidefolge:

- ✂ Auge
- ✂ Schnabel
- ✂ Federn
- ✂ Bauch
- ✂ Beine
- ✂ Restliche Felder

LEUCHTTURM

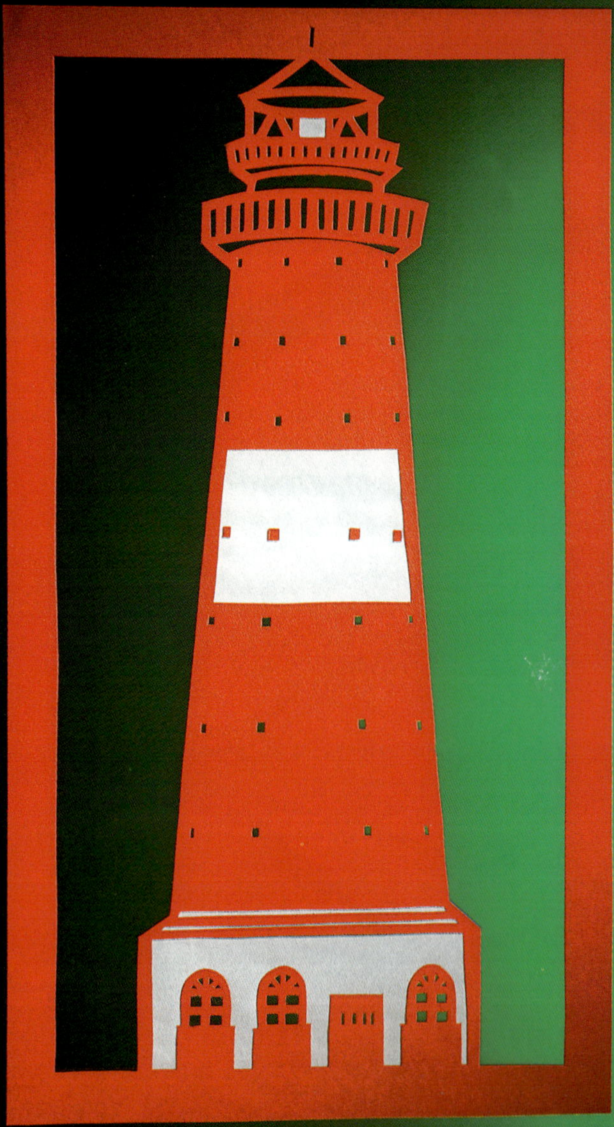

Trotz moderner Funk- und Radartechnik dienen die Leuchttürme den Seefahrern auch heute noch als wichtige Orientierungspunkte. Leuchtturmwärter war einmal ein ehrenwerter Beruf. Die Leuchtfeuer mußten in Gang gehalten werden, weshalb viele der älteren Bauwerke dem Wärter auch als Wohnsitz dienten. Heute haben riesige Scheinwerfer die Feuer abgelöst, und nur noch sehr selten werden die Türme auch bewohnt. Bisweilen stehen Leuchttürme Besuchern offen, und diese können sich, wenn sie den mühevollen Aufstieg nicht scheuen, einen eindrucksvollen Rundblick über das Wattenmeer verschaffen.

Schneidefolge:

- ✂ Von der Spitze des Turmes ausgehend die Felder nacheinander in Richtung unterer Bildrand bis zum Sockel des Turmes ausschneiden
- ✂ Innenflächen der Fenster und der Tür
- ✂ Restliche Flächen innerhalb des Sockels
- ✂ Restliche Felder

Achtung: Die Fenster im Transparentpapier vor dem Hinterkleben herausschneiden.

MUSCHELN

Nicht jeder hat das Glück, solch schöne Muscheln am Strand zu finden. Mancherorts entlang der Küste und auf den Inseln gibt es kleine Naturkunde-Museen, die die Vielfalt dieser Art deutlich machen.
Wenn Sie beim Sammeln nicht so erfolgreich waren, können Sie Ihre Wohnung auch mit diesem dekorativen Muschelbild verschönern.

Schneidefolge:

Die Bearbeitung dieses Motivs wird nicht, wie bei den anderen Bildern beschrieben, von der Mitte her begonnen.

- Innenteile der großen Muschel am unteren Bildrand von links unten nach rechts oben
- Dann schneiden Sie die Felder rings um diese Muschel heraus
- Von diesem Anfang ausgehend, bearbeiten Sie nun, in Richtung oberer Bildrand, die jeweils angrenzenden Felder

NORDDEUTSCHE HÄUSER

Schöne Fachwerk- und Ziegelfassaden mit weißen Fensterrahmen bestimmen auch heute noch vielerorts das Erscheinungsbild ländlicher Wohngebiete in Norddeutschland. Das vor einigen Jahren fast vergessen geglaubte Handwerk des Reetdeckens erfreut sich wieder größerer Beliebtheit. Weit heruntergezogene Dächer schützen vor dem Wind und vermitteln dem Betrachter einen Eindruck von Behaglichkeit. Man muß den „kühlen" Norddeutschen viel Liebe zum Detail bescheinigen, denn in kaum einer anderen Gegend findet man so viele liebevoll gestaltete Häuserfronten mit hübschen Fenstern und reich verzierten Haustüren.

Schneidefolge:

- Innenfelder der oberen Fenster
- Rosetten und Fenster über der Tür
- Haustür, Klingel
- Von der Haustür ausgehend alle Fenster und angrenzenden Felder nacheinander zum äußeren Bildrand hin ausschneiden
- Treppenstufen, Blumenkästen, Zwischenräume der Steinmauer
- Restliche Flächen der Front
- Dach

Schneidefolge:

- Innenlinien Pferdeköpfe
- Giebel von oben nach unten
- Verzierungen über der Haustür
- Innenfelder Haustür (auf der rechten oder der linken Seite beginnen und die Felder nacheinander zur anderen Seite hin ausschneiden)
- Restliche Flächen (jeweils an der Haustür beginnen und zum Außenrand hin arbeiten)
- Treppenstufen

ABSCHIED

Eine Schiffsreise ist auch heute noch etwas Besonderes. Und jemand, der zum Abschied mit einem Tuch von der Hafenmauer aus winkt, gehört einfach dazu.

Schneidefolge:

- ✂ Fenster und Innenlinien des Schiffs, von oben nach unten
- ✂ Fenster der Gebäude
- ✂ Innenlinien des Mädchens
- ✂ Restliche Felder, am oberen Bildrand beginnend